新娘
经典编发
造型设计
108 例

蓝野尚品妆发研创中心 编著

電子工業出版社
Publishing House of Electronics Industry
北京·BEIJING

内容简介

本书向读者展示了108个编发造型设计实例教程，按风格分为新娘浪漫编发、新娘优雅编发、新娘唯美编发、新娘复古编发；将各种编发手法在实际案例中应用，配合其他造型手法得到完美的整体效果。每个案例都通过步骤详细分解，配有各角度的造型完成欣赏图，并对每一个案例做造型重点精华提示。

本书适合影楼化妆造型师、新娘跟妆师以及相关培训机构的学员参考使用。

未经许可，不得以任何方式复制或抄袭本书之部分或全部内容。
版权所有，侵权必究。

图书在版编目（CIP）数据

新娘经典编发造型设计108例 / 蓝野尚品妆发研创中心编著. -- 北京：电子工业出版社，2016.3
ISBN 978-7-121-28082-5

Ⅰ.①新… Ⅱ.①蓝… Ⅲ.①女性–发型–设计 Ⅳ.①TS974.21

中国版本图书馆CIP数据核字(2016)第011915号

责任编辑：田　蕾
文字编辑：赵英华
印　　刷：北京捷迅佳彩印刷有限公司
装　　订：北京捷迅佳彩印刷有限公司
出版发行：电子工业出版社
　　　　　北京市海淀区万寿路173信箱　邮编：100036
开　　本：889×1194 1/16　印张：14.75　字数：377.6千字
版　　次：2016年3月第1版
印　　次：2016年3月第1次印刷
定　　价：99.00元

参与本书编写的有陶平、王耀春、赵海勇、周鹏、王卫艳、何睿强、刘桔莎、韩想英、赵雨阳、曹心悦、朱霏霏、庄文娟、曹静秋、王玉权、罗丽莉。

凡所购买电子工业出版社图书有缺损问题，请向购买书店调换。若书店售缺，请与本社发行部联系，联系及邮购电话：（010）88254888。

质量投诉请发邮件至zlts@phei.com.cn，盗版侵权举报请发邮件至dbqq@phei.com.cn。

服务热线：（010）88258888。

前言

越来越多的人加入到化妆造型师这个行业中，从事新娘化妆造型的化妆造型师在其中占有很大的比重。而对于新娘化妆造型师来说，发型要比化妆更加难以掌握且不好突破，脑子里发型样式少，怎么做都是那几个发型。然而，一般欠缺的并不是造型的基本手法，而是不能很好地利用这些手法来完成各种造型。

编发造型近年受到很多新娘的喜爱，因为编发会让造型呈现更加丰富的纹理层次，以及相对比较唯美的感觉。要完成编发造型单单掌握各种辫子的编法是远远不够的，而如何利用编发的手法来完成整体造型和将编发的手法与其他造型手法以及饰品等完美的结合才是重中之重。编发及其他造型手法，还有饰品都像一部机器的零件，我们要做的是将各种零件组装成一件完整的产品。造型是一门艺术，细节决定成败，甚至比组装一件普通的产品更难，需要更多的设计灵感渗入其中。

书中包括了108款编发造型设计的实例教程，是一本称得上纯"干货"的发型设计书籍。书中按风格分为新娘浪漫编发、新娘优雅编发、新娘唯美编发、新娘复古编发，将各种编发手法在实际案例中应用，配合其他造型手法得到完美的整体效果。每个案例都通过步骤详细分解，配有各角度的造型完成欣赏图，并对每一个案例做造型重点精华提示。在案例中更加注重的是手法之间的相互结合与应用，尽量更全面地展现编发的各种表现方式。

感谢蓝野尚品团队每一位参与图书写作工作中的老师以及各位模特的大力支持。希望本书能对化妆造型师及正在学习化妆造型的朋友带来帮助。

蓝野尚品妆发研创中心

目录

Part 1　新娘浪漫编发	*001*
Part 2　新娘优雅编发	*065*
Part 3　新娘唯美编发	*113*
Part 4　新娘复古编发	*169*

Part 1

新娘浪漫编发

PAGE 002

PAGE 004

PAGE 006

PAGE 008

PAGE 010

PAGE 012

PAGE 014

PAGE 016

PAGE 018

PAGE 020

PAGE 022

PAGE 056

PAGE 058

PAGE 060

PAGE 062

Part 2

新娘优雅
编发

PAGE 066

PAGE 068

PAGE 070

PAGE 072

PAGE 074

PAGE 076

PAGE 078

PAGE 080

PAGE 082

PAGE 084

PAGE 086

Part 3

新娘唯美
编发

 PAGE 216
 PAGE 218
 PAGE 220
 PAGE 222

Part 1

新娘浪漫
编发

新娘浪漫编发 01

后垂的松散编发搭配森系的绿藤及仿真花，造型整体呈现浪漫的森系女王风格。

造型步骤分解

01. 将刘海区头发三股交叉。
02. 用三股两边带的手法编发。
03. 用三股辫编发的手法做收尾处理。
04. 将编好的头发在后发区位置固定。
05. 在左侧发区取头发进行两股辫编发。
06. 将编好的头发在后发区位置固定。
07. 将左侧发区剩余头发进行松散的两股辫编发。
08. 将编好的头发在后发区位置固定。
09. 在后发区左侧取头发继续进行两股辫编发。
10. 将编好的头发在后发区位置固定。
11. 将后发区剩余头发进行三股辫编发。
12. 将编好的头发收尾固定。
13. 在头顶位置佩戴饰品装饰造型。
14. 在造型左侧佩戴仿真花点缀造型。
15. 在头顶位置佩戴绿藤装饰造型。

新娘浪漫编发 02

自然垂落的卷曲发丝，网纱与仿真花搭配，用网纱使仿真花更加柔和、唯美，造型呈现浪漫、优雅的美感。

造型步骤分解

01. 在两侧发区取发丝烫卷。
02. 在刘海区位置取两股头发交叉。
03. 将刘海区与右侧发区头发用两股辫续编的手法编发。
04. 将编好的头发在后发区位置打卷固定。
05. 将左侧发区头发带入左侧后发区部分头发用两股辫续编手法编发。
06. 将编好的头发在后发区位置打卷固定。
07. 在后发区左侧取头发进行两股辫编发。
08. 将编好的头发拉伸至顶区位置进行固定。
09. 继续取头发做两股辫编发后向上盘绕。
10. 盘绕好之后在后发区右侧固定。
11. 将后发区位置最后剩余头发向上提拉并进行两股辫编发。
12. 将编好的辫子在顶区位置进行固定。
13. 在头顶位置佩戴仿真花装饰造型。
14. 在造型右侧后发区位置佩戴仿真花装饰造型。
15. 佩戴网眼纱装饰造型。

新娘浪漫编发 03

纹理感清晰的后垂编发，用永生花装饰造型不够饱满的位置，造型浪漫又大气。

造型步骤分解

01. 在右侧发区取两片头发相互交叉。
02. 在顶区取一片头发夹在两片头发中间。
03. 将两片头发继续进行交叉。
04. 以相同方式连续操作。
05. 通过连续编发形成瀑布辫效果。
06. 在后发区左侧位置进行收尾固定。
07. 在后发区以三股一边带的方式进行编发。
08. 从后发区右侧斜向后发区左侧编发。
09. 将编好的头发扭转后固定。
10. 将编好的头发从下方提拉至后发区左侧位置。
11. 在后发区左侧将辫子固定。
12. 在头顶位置佩戴花环饰品装饰造型。
13. 佩戴绿藤装饰造型。
14. 在造型右侧佩戴永生花装饰造型。
15. 在后发区左侧佩戴永生花装饰造型。

新娘浪漫编发 04

将编发自然松散地上盘,用仿真花修饰造型轮廓感使其更加饱满,永生花点缀造型,造型整体浪漫又不失高贵。

造型步骤分解

01. 在后发区下方和两侧发区保留部分头发,将剩余头发在后发区位置扎马尾。
02. 在右侧发区取头发进行适当扭转后在头顶位置进行固定。
03. 在左侧发区取头发适当扭转后在头顶位置固定。
04. 将左侧发区剩余头发提拉扭转后在头顶位置固定。
05. 将右侧发区剩余头发向上提拉扭转并固定。
06. 将固定好之后的剩余发尾整理好在顶区位置进行固定。
07. 从马尾中取部分头发进行三股辫编发。
08. 将马尾中剩余头发进行三股辫编发。
09. 将后发区下方保留的头发进行三股辫编发。
10. 将后发区下方头发向上提拉并在顶区位置固定。
11. 将马尾中的一条辫子盘绕在顶区位置进行固定。
12. 将最后一条辫子扭转后在顶区位置固定。
13. 在造型左侧佩戴仿真花。
14. 在造型右侧佩戴仿真花。
15. 在两侧发区位置点缀永生花。

新娘浪漫编发 05

用发辫打造饱满的顶区轮廓及后垂的编发造型,将仿真花与网纱相互结合,使造型更加浪漫、唯美。

造型步骤分解

01. 在顶区位置扎马尾。
02. 将刘海区头发扭转并适当前推后固定。
03. 固定好之后将剩余发尾打卷在马尾下方固定。
04. 从马尾中分出部分头发进行松散的三股一边带编发。
05. 将编好的辫子打卷后在后发区位置固定。
06. 将马尾中剩余头发进行松散的三股一边带编发。
07. 将编好的头发打卷固定。
08. 从两侧取头发左右交叉。
09. 用鱼骨辫编发的形式继续向下编发。
10. 将编好的辫子收尾后用皮筋固定。
11. 固定网眼纱并在造型左侧抓纱造型。
12. 在后发区左侧抓纱造型。
13. 在后发区位置佩戴仿真花。
14. 在辫子收尾位置抓纱造型。
15. 在造型纱上佩戴仿真花。

新娘浪漫编发 06

用发辫增加造型层次感，除了用绿藤及造型花装饰造型外，用金色饰品装饰造型，使造型浪漫又具有华丽感。

造型步骤分解

01. 在顶区位置扎马尾。
02. 将马尾中的头发进行多条三股辫编发。
03. 将右侧发区头发向后扭转并固定。
04. 从后发区左侧取头发向右侧扭转并固定。
05. 调整后发区垂落的头发的造型感。
06. 将刘海区头发在造型右侧向上翻卷。
07. 将翻卷好的头发在后发区位置固定。
08. 将刘海剩余发尾在左侧发区位置固定。
09. 将左侧发区剩余头发向后发区方向扭转。
10. 将部分辫子在后发区下方固定。
11. 将剩余辫子发尾收起进行固定。
12. 佩戴绿藤装饰造型。
13. 在后发区位置佩戴造型花装饰造型。
14. 在后发区位置佩戴饰品点缀造型。

新娘浪漫编发 07

在后垂的浪漫感编发上佩戴金色的华丽感饰品，使造型在浪漫、唯美的同时更具有华美感。

造型步骤分解

01. 在顶区左侧取头发进行三股一边带编发。
02. 边编发边向后发区方向拉伸头发。
03. 将编好的辫子在后发区位置扭转固定。
04. 在顶区右侧取头发进行编发。
05. 用三股一边带的手法向后发区方向编发。
06. 将编好的头发在后发区位置扭转固定。
07. 将右侧发区头发用三股一边带手法向后发区方向编发。
08. 将编好的头发在后发区位置扭转固定。
09. 将左侧发区头发用三股一边带手法向后发区方向编发。
10. 将编好的头发在后发区位置扭转固定。
11. 在后发区左右两侧取头发用皮筋扎在一起。
12. 以相同方式做多次扎发。
13. 将发尾向下方收拢后固定。
14. 在头顶佩戴饰品装饰造型。
15. 在后发区位置佩戴饰品点缀造型。

新娘浪漫编发 08

在后垂的卷发上做自然的编发，增加造型的表现力，用蝴蝶结做点缀，使造型显得更加浪漫。

造型步骤分解

01. 将刘海区头发向上翻卷烫发。
02. 在头顶位置用三股一边带的手法向造型左侧编发。
03. 边编发边将辫子的走向向后发区右侧带。
04. 辫子呈斜向下的角度。
05. 向后发区左侧转折编发。
06. 辫子整体呈 S 形弯度。
07. 将编好的辫子收尾固定。
08. 在辫子收尾位置扎蝴蝶结。

造型步骤分解

01. 将左右两侧发区头发在后发区位置用皮筋固定。
02. 固定好之后从下向上掏转。
03. 掏转后将发尾在左右两侧各打一个环。
04. 继续在后发区取头发用皮筋固定。
05. 掏转打环后固定。
06. 继续在下方取头发用皮筋固定。
07. 同样掏转打环后固定。
08. 将右侧发区头发用三股一边带手法编发。
09. 边编发边带入后发区头发后固定。
10. 将刘海区及左侧发区头发用三股两边带手法编发。
11. 编到后发区位置转化为三股一边带手法。
12. 编至后发区下方后固定。
13. 将左右两侧编发在后发区下方固定在一起。
14. 在每个打环的中间位置点缀小蝴蝶结装饰造型。
15. 在后发区下方点缀较大的蝴蝶结装饰造型。

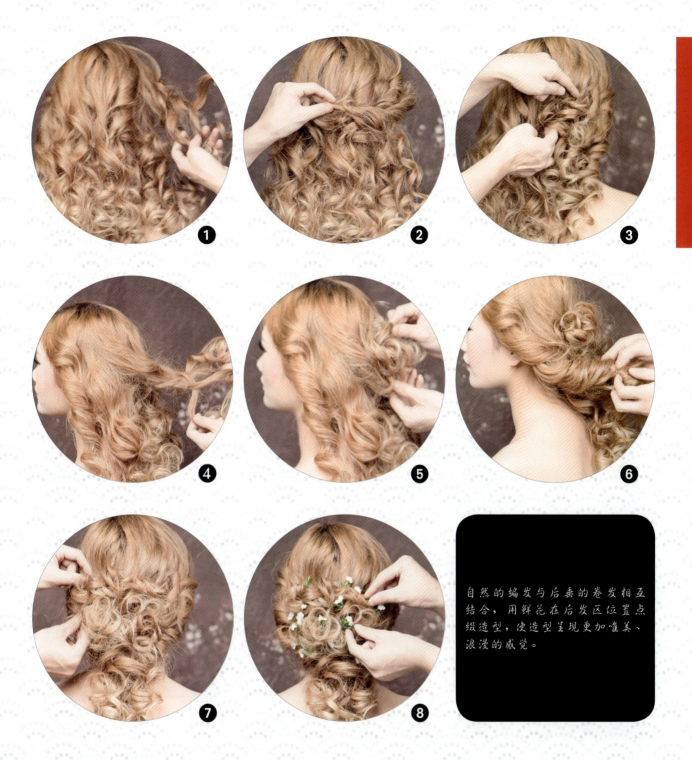

新娘浪漫编发 10

自然的编发与后垂的卷发相互结合，用鲜花在后发区位置点缀造型，使造型呈现更加唯美、浪漫的感觉。

造型步骤分解

01. 将右侧发区头发进行松散的三股辫编发。
02. 将右侧发区头发向后扭转并在后发区位置固定。
03. 在后发区位置下发夹加固。
04. 在后发区位置取头发进行松散的三股辫编发。
05. 将编好的头发向上翻卷固定。
06. 将左右两侧后发区头发向上扭转并固定。
07. 调整固定好之后的发丝层次感。
08. 在后发区位置佩戴鲜花点缀造型。

新娘浪漫编发 二

鲜花和蝴蝶结都给人浪漫的心理感觉，将其与卷发和编发相互搭配，使这种浪漫的美感更加强烈。

造型步骤分解

01. 将刘海区头发向上隆起并对其层次感做调整。
02. 将左侧发区头发用两股辫编发的手法编发。
03. 将编好的头发在后发区位置扭转固定。
04. 将右侧发区头发用相同方式操作。
05. 在后发区左侧取头发用三股一边带手法编发。
06. 在后发区右侧取头发用三股一边带手法编发。
07. 将两侧编好的头发扭转在一起。
08. 将编好的头发在后发区位置固定。
09. 将后发区剩余头发用简单的三股辫编发收拢后固定。
10. 在后发区位置佩戴鲜花装饰造型。
11. 在后发区位置佩戴蝴蝶结装饰造型。

新娘浪漫编发 12

用自然的编发让后发区造型轮廓饱满又不生硬，自然垂落的发丝增加造型的浪漫感。

造型步骤分解

01. 将左侧发区头发进行三股辫编发。
02. 将编好的头发在后发区位置固定。
03. 将右侧发区头发进行三股辫编发。
04. 将编好的头发在后发区位置固定。
05. 在后发区左侧取头发进行松散的三股辫编发。
06. 将编好的头发在后发区右侧固定。
07. 在后发区右侧取头发进行三股辫编发。将编好的头发在后发区固定。
08. 在后发区左下方取头发进行三股辫编发。
09. 将编好的头发在后发区右侧固定。
10. 将后发区位置最后剩余头发在后发区下方收拢固定。
11. 在后发区位置佩戴鲜花装饰造型。
12. 在后发区位置佩戴鲜花点缀造型。

新娘浪漫编发 13

用两条三股一边带的编发增加后发区造型的纹理感，点缀永生花使造型的层次更加丰富，造型感觉更加浪漫。

造型步骤分解

01. 从后发区左侧开始取头发向后进行三股一边带编发。
02. 边编发边带入顶区和右侧发区头发。
03. 将编好的头发收尾固定。
04. 将左侧发区剩余头发三股交叉。
05. 继续向后进行三股一边带编发。
06. 将编好的头发收尾固定。
07. 在后发区左侧取头发从下向上进行三股一边带编发。
08. 将编好的头发在后发区下方固定。
09. 固定的时候可适当收拢多用几个发夹加固。
10. 在头顶左侧佩戴永生花装饰造型。
11. 在后发区位置佩戴永生花点缀造型。

新娘浪漫编发 14

将两侧的编发在后发区位置相互结合后在后发区位置编出蝴蝶结效果，增加造型的浪漫、唯美感。造型整体呈现浪漫、甜美的感觉。

造型步骤分解

01. 将左侧发区头发用三股辫编发的手法编发。
02. 在右侧发区位置用三股辫编发的手法编发。
03. 将两edit编发在后发区位置固定在一起。
04. 在后发区左右两侧取头发在后发区位置用皮筋固定。
05. 透过一层皮筋将部分头发向上掏出。
06. 将掏出的头发一分为二形成蝴蝶结效果。
07. 将剩余发尾缠绕在蝴蝶结中间固定。
08. 在头顶位置佩戴饰品装饰造型。

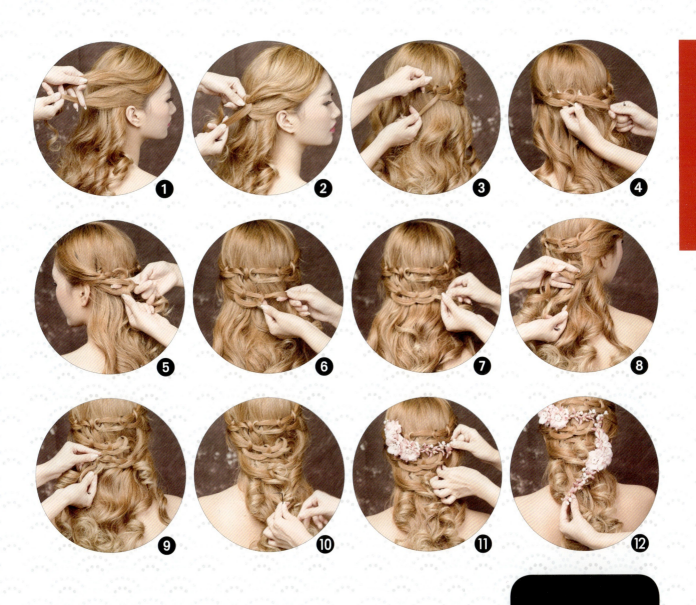

新娘浪漫编发 15

用锁链式的编发丰富后发区造型的纹理感，点缀暖色系绢花饰品使造型呈现更加浪漫的感觉。

造型步骤分解

01. 在右侧发区位置取两片头发。
02. 将两片头发打结。
03. 将头发向后发区左侧拉伸后继续打结。
04. 在左侧发区用相同方式操作。
05. 在后发区左侧取两片头发打结。
06. 向后发区右侧拉伸头发并继续打结。
07. 继续向后发区右侧拉伸头发打结后固定。
08. 在后发区右侧取头发打结。
09. 边向后发区左侧拉伸头发边打结。
10. 将后发区下方头发适当收拢固定。
11. 在后发区上方佩戴饰品装饰造型。
12. 在后发区下方佩戴饰品装饰造型。

新娘浪漫编发 16

用编发相互结合打造后发区饱满的轮廓感，刘海区的层次与玫瑰鲜花相互结合使造型呈现更加浪漫的感觉。

造型步骤分解

01. 在左侧发区保留一些头发，将剩余头发向后发区方向做三股两边带编发。
02. 边编发边带入后发区头发，用三股辫编发形式收尾。
03. 从顶区开始向后进行三股两边带编发。
04. 用三股辫编发的方式收尾。
05. 在右侧发区保留一些头发，将剩余头发用三股两边带的形式编发。
06. 继续向后编发用三股辫编发的形式收尾。
07. 将左侧辫子提拉至头顶位置进行固定。
08. 将右侧辫子在后发区左侧进行固定。
09. 将最后剩余发辫在后发区左侧进行固定。
10. 在造型后发区右侧佩戴鲜花。
11. 在头顶左侧佩戴鲜花。
12. 将预留的发丝修饰造型并对鲜花进行适当遮挡。

-034-

新娘浪漫编发 17

中分的刘海，光滑干净的后盘编发造型，用森系皇冠和绿藤装饰造型，使端庄的编发更显浪漫。

造型步骤分解

01. 在顶区位置三股辫交叉。
02. 继续向下进行三股辫编发。
03. 继续向下与左右两侧后发区头发结合进行三股两边带编发。
04. 继续向下进行三股辫编发。
05. 边编发边将后发区位置剩余头发带入。
06. 将发尾向下扣卷后固定。
07. 将左侧发区部分头发进行三股一边带编发。
08. 将右侧发区部分头发进行三股一边带编发。
09. 将两侧发区编好的头发在后发区位置进行固定。
10. 将右侧发区发尾在后发区位置扭转固定。
11. 将左侧发区发尾在后发区位置扭转固定。
12. 在头顶位置佩戴饰品装饰造型。
13. 佩戴绿藤装饰造型。

新娘浪漫编发 18

用永生花和发带装饰后垂的编发造型，永生花在后发区的点缀使造型显得更加浪漫。

造型步骤分解

01. 将刘海区头发用两股辫的形式向右侧发区方向扭转。
02. 将编好的头发在右侧发区进行固定。
03. 将左侧发区头发以两股辫方式扭转后在左侧发区进行固定。
04. 在后发区扎两个马尾，然后将上边马尾的头发向下掏转。
05. 将部分头发在后发区左侧进行鱼骨辫编发。
06. 辫子呈上宽下窄逐渐收紧的状态。
07. 将剩余头发在后发区右侧进行鱼骨辫编发。
08. 编发呈上宽下窄的状态。
09. 将两条发辫在后发区下方固定在一起。
10. 在头顶位置佩戴发带。
11. 在发带之上佩戴永生花点缀造型。
12. 在后发区位置佩戴永生花点缀造型。
13. 在后发区下方佩戴永生花点缀造型。

造型步骤分解

01. 在后发区位置扎两个马尾，将上方的马尾向下掏转。
02. 将左侧发区的部分头发进行三股一边带编发。
03. 将右侧发区的头发进行三股一边带编发。
04. 将右侧发区的发辫绕至左侧，在头顶位置进行固定。
05. 将左侧发区剩余头发进行两股辫编发。
06. 将编好的头发在后发区位置固定。
07. 将后发区剩余头发的一部分进行三股一边带编发。
08. 让编发的角度垂直向下。
09. 继续将剩余头发在另外一侧进行三股一边带编发。
10. 在后发区下方将头发进行收尾固定。
11. 将头发在下方扣卷后进行固定。
12. 佩戴发带在后发区位置进行固定。
13. 佩戴花环饰品装饰造型。
14. 在后发区位置佩戴饰品装饰造型。

> 用花环和发带装饰后垂的编发造型，在后发区位置进行固定。注意发辫对顶区和额头位置的修饰。

新娘浪漫编发 20

用编发在后发区位置固定打造后发区造型轮廓感，用打卷丰富后发区造型层次，佩戴发带和绢花饰品使造型更加浪漫、唯美。

造型步骤分解

01. 将右侧发区头发进行三股两边带编发。
02. 边编发边带入后发区头发，用三股辫编发的方式收尾。
03. 将左侧发区头发进行三股两边带编发。
04. 用三股辫编发的手法收尾。
05. 将两侧的编发在后发区位置固定。
06. 将后发区剩余头发向上打卷固定。
07. 在头顶位置佩戴发带。
08. 将发带在后发区位置进行固定。
09. 佩戴饰品装饰造型。

新娘浪漫编发 21

用两股辫、鱼骨辫以及三股两边带的编发手法相互结合完成后垂的浪漫编发造型，辫子的纹理让造型的整体感更加唯美。

造型步骤分解

01. 将右侧发区头发用两股辫续发的方式进行编发。
02. 将左侧发区的头发用两股辫续发的方式进行编发。
03. 将两侧发区头发在后发区位置进行固定。
04. 在后发区取头发用鱼骨辫编发的手法进行编发。
05. 继续在后发区取头发用三股两边带的手法编发。
06. 边编发边带入后发区剩余头发。
07. 将之前的编发与之相互结合后固定在一起。
08. 在头顶位置佩戴饰品装饰造型。
09. 在后发区位置佩戴饰品装饰造型。
10. 在后发区辫子上佩戴饰品点缀造型。

新娘浪漫编发 22

用三股辫编发对后发区头发收尾，编发的时候不要编得过紧，保留一定的松散度，使其更加饱满。

造型步骤分解

01. 在顶区位置进行三股辫编发。
02. 继续向下在后发区两侧带入头发进行三股两边带编发。
03. 继续向下在后发区两侧带入头发进行编发。
04. 继续向下编发用三股辫编发的手法收尾。
05. 将编好的辫子用皮筋固定。
06. 将后发区剩余头发进行三股辫编发，将上一条辫子发尾隐藏在其中。
07. 将编好的辫子用皮筋固定。
08. 将辫子发尾向下扣卷后固定。
09. 将两侧剩余发丝在后发区位置进行固定。
10. 在头顶位置佩戴饰品装饰造型。

新娘浪漫编发 23

两侧发区发丝自然卷曲垂落，用编发对后发区进行修饰，搭配散落的直发，造型整体清新、浪漫、唯美。

造型步骤分解

01. 在两侧发区取发丝进行烫卷。
02. 将左侧发区头发用三股一边带的手法进行编发。
03. 用三股辫编发的手法收尾。
04. 将编好的辫子在后发区位置固定。
05. 将右侧发区头发用三股一边带手法编发。
06. 继续向后用三股辫编发的手法收尾。
07. 将编好的头发在后发区位置进行固定。
08. 固定的时候适当收紧，与之前的辫子衔接固定在一起。
09. 在后发区位置佩戴造型花装饰造型。

新娘浪漫编发 24

将后发区下方卷发自然收拢对后垂的编发进行修饰,搭配花枝和仿真花使造型更加浪漫、唯美。

造型步骤分解

01. 将刘海区及右侧发区的头发用两股辫编发的手法向后发区方向编发。
02. 将编好的头发扭转收紧,在后发区位置进行固定。
03. 将左侧发区的头发用两股辫编发的手法向后发区位置编发。
04. 从后发区右侧带入头发进行三股一边带编发。
05. 从后发区左侧带入头发进行三股一边带编发。
06. 在后发区下方将左右两侧头发扭转后进行固定。
07. 在头顶位置佩戴花枝装饰造型。
08. 在后发区位置佩戴仿真花装饰造型。

新娘浪漫编发 25

两侧发区卷曲的发丝自然垂落，将两侧发区头发编发后在后发区固定在自然垂落的卷发上。华丽唯美的饰品使造型更加浪漫、自然。

造型步骤分解

01. 在两侧发区取发丝进行烫卷。
02. 将右侧刘海区头发用三股一边带的手法编发。
03. 用三股辫编发的手法收尾。
04. 将左侧刘海区头发用三股一边带手法编发。
05. 用三股辫编发的手法收尾。
06. 将两侧的发辫在后发区位置固定。
07. 在右侧发区取头发进行三股辫编发。
08. 在左侧发区取头发进行三股辫编发。
09. 将两侧的编发在后发区位置固定。
10. 在头顶位置佩戴饰品装饰造型。

造型步骤分解

01. 在顶区取头发三股交叉。
02. 继续向下进行三股两边带编发。
03. 将编好的头发进行固定。
04. 将刘海区头发进行三股一边带编发。
05. 边编发边带入右侧发区的头发。
06. 注意调整编发角度，使其更加服帖顺畅。
07. 编好之后对辫子的松紧度做调整后进行固定。
08. 将左侧发区头发进行三股一边带编发。
09. 将编好的辫子在后发区位置进行固定。
10. 在头顶位置佩戴饰品装饰造型。
11. 继续在头顶位置佩戴饰品装饰造型。
12. 在后发区取部分头发扭转固定。
13. 将后发区剩余头发向上翻卷并固定。
14. 将发带交叉后在后发区下方系好。

新娘浪漫编发 27

用多片头发结合丰富后发区造型纹理感,造型花的点缀使造型整体更加浪漫、唯美。

造型步骤分解

01. 在右侧发区取头发进行两股辫编发。
02. 在头顶位置佩戴饰品。
03. 将左侧发区头发进行两股辫编发。
04. 将两侧的发辫在后发区位置固定。
05. 继续在两侧取头发结合在一起进行固定。
06. 以此方式继续向下固定头发。
07. 在后发区位置点缀造型花。
08. 将后发区发尾向下扣卷并固定。

新娘浪漫编发 28

用编发打造饱满的造型轮廓，用发辫对额头位置进行修饰，配合森系皇冠，使造型整体更加浪漫、清新。

造型步骤分解

01. 在刘海区取头发进行三股辫编发。
02. 将刘海区剩余头发向右侧发区进行三股两边带编发。
03. 边编发边带入右侧发区的头发。
04. 将编好的辫子在后发区位置固定。
05. 将左侧发区的头发进行三股一边带编发。
06. 将编好的头发在后发区右侧进行固定。
07. 在头顶位置佩戴饰品装饰造型。
08. 在后发区位置佩戴饰品装饰造型。

新娘浪漫编发 29

用蝴蝶结以及网纱绢花饰品装饰造型，使造型的整体感更加柔和，浪漫、清新。

造型步骤分解

01. 将刘海区头发用两股辫编发手法向后发区方向编发。
02. 将左侧发区头发用三股一边带手法编发。
03. 边编发边带入顶区头发。
04. 继续向后编发并调整角度。
05. 继续编发，每间隔一段距离带入一片顶区头发。
06. 继续从侧发区取头发进行三股一边带编发。
07. 边编发边带入顶区头发。
08. 继续用相同方式向下编一条发辫。
09. 将刘海区连同右侧发区头发向后翻卷并固定。
10. 将后发区左右两侧的头发向后发区中间位置扭转并固定。
11. 在中间的发辫上佩戴蝴蝶结点缀造型。
12. 在左侧发区位置佩戴饰品装饰造型。

新娘浪漫编发 30

将发带穿插在编发中，用蝴蝶结对造型进行装饰，使造型整体呈现甜美、温柔的浪漫气息。

造型步骤分解

01. 在头顶位置佩戴饰品。
02. 继续在头顶左侧佩戴蝴蝶结。
03. 在头顶位置分出三片头发交叉。
04. 继续向后用三股两边带的手法编发。
05. 将发带叠入编发中。
06. 继续向下进行编发。
07. 用皮筋将辫子和发带固定在一起。
08. 将发辫用发夹固定成蝴蝶结效果。

新娘浪漫编发 31

结合头发烫卷的卷度进行自然的编发，用插珠对造型的后发区进行点缀，造型整体浪漫、唯美又具有端庄感。

造型步骤分解

01. 在两侧发区保留一些垂落的发丝。
02. 在左侧发区取三片头发交叉。
03. 继续向后编头发，将其中一片头发在中间垂落。
04. 用相同方式继续向后编发。
05. 在后发区位置将头发固定。
06. 将右侧发区头发用与左侧发区同样的方式编发。
07. 继续向下用相同方式编发。
08. 继续在右侧发区取头发用相同方式编发。
09. 将后发区左侧的头发扭转并固定。
10. 将后发区右侧的头发进行扭转。
11. 将扭转好的头发进行固定。
12. 在头顶位置佩戴饰品装饰造型。
13. 在后发区位置佩戴插珠点缀造型。

Part 2

新娘优雅编发

新娘优雅编发 01

后垂的光滑打卷造型浪漫、优雅，用柔和的绢花饰品装饰增加造型的唯美感。

造型步骤分解

01. 在左右两侧发区保留部分发丝。
02. 将右侧发区的头发向后扭转。
03. 将扭转好的头发在后发区位置固定。
04. 将左侧发区的头发用两股辫编发的手法编发。
05. 将编好的头发进行扭转并在后发区位置固定。
06. 从后发区右侧取头发向上扭转并固定。
07. 在后发区左侧取头发向上打卷固定。
08. 继续从后发区右侧取头发向左侧打卷固定。
09. 将后发区左外侧头发向右侧进行扭转固定。
10. 在后发区右侧取头发向左侧扭转固定。
11. 将后发区剩余头发进行三股辫编发。
12. 将编好的头发在后发区下方扭转后固定。
13. 在后发区位置佩戴饰品装饰造型。
14. 在造型左侧佩戴饰品装饰造型。

新娘优雅编发 02

用金色饰品点缀后卖式的纹理丰富编发造型，使造型整体在优雅的同时更加高贵。

造型步骤分解

01. 在四周留出头发，将剩余头发在后发区位置扎马尾。
02. 取左侧发区头发与马尾中头发相互结合进行三股两边带编发。
03. 继续向下编发，边编发边带入后发区头发。
04. 继续向下编发并适当收紧。
05. 将编好的辫子用皮筋固定。
06. 从右侧发区取头发与马尾中的头发结合进行三股两边带编发。
07. 继续向下编发并带入后发区头发。
08. 继续向下编发并适当收紧。
09. 将编好的辫子用皮筋固定。
10. 将两条辫子中间位置用发夹固定在一起。
11. 将辫子下方用发夹固定在一起。
12. 在头顶位置佩戴饰品装饰造型。
13. 在马尾上方佩戴饰品装饰造型。
14. 在辫子上佩戴饰品点缀造型。

新娘优雅编发 03

后盘的光滑编发造型使造型在优雅中不失浪漫，金叶子饰品的装饰使造型更加具有华丽、复古的气息。

造型步骤分解

01. 在顶区位置分出三片头发相互交叉。
02. 继续向下进行三股两边带编发。
03. 将右侧发区头发带入进行三股一边带编发。
04. 注意调整编发角度，不要抬得过高。
05. 继续向下带入右侧后发区头发进行两股辫编发。
06. 将头发向上扭转并固定。
07. 在左侧发区取头发两股交叉。
08. 继续向后发区方向进行两股辫编发。
09. 将后发区剩余头发扭转在其中。
10. 将头发向上提拉扭转并固定。
11. 将刘海区头发向上提拉并倒梳。
12. 将倒梳好的头发调整出层次在后发区位置固定。
13. 在造型左侧佩戴饰品装饰造型。
14. 在造型右侧佩戴饰品装饰造型。

新娘优雅编发 04

将顶区编发向前固定作为刘海区造型结构，编发效果使刘海区造型纹理更加丰富，用永生花饰品装饰使造型优雅、浪漫。

造型步骤分解

01. 周围留出头发，将剩余头发在头顶扎马尾。
02. 将马尾中的头发进行三股辫编并向前拉伸。
03. 将辫子在头顶盘转固定。
04. 将右侧发区头发向上提拉并扭转。
05. 将扭转好的头发在头顶位置固定。
06. 将固定好之后的剩余发尾扭转后在头顶位置固定。
07. 将左侧发区的头发向上提拉扭转。
08. 将扭转好的头发在头顶位置固定。
09. 将固定好之后的发尾在头顶打卷固定。
10. 将后发区右侧头发向上提拉扭转并固定。
11. 将后发区剩余头发向上提拉扭转并固定。
12. 固定好之后将发尾收起。
13. 在头顶位置佩戴饰品装饰造型。
14. 在头顶位置佩戴花环装饰造型。

新娘优雅编发 05

中分刘海，向上盘起的发辫，用造型花装饰点缀造型，使造型整体不但优雅还具有可爱感。

造型步骤分解

01. 将右侧头发进行三股辫编发。
02. 将左侧头发进行三股辫编发。
03. 将左侧编好的头发向上提拉。
04. 将头发在头顶位置进行固定。
05. 将右侧头发向上提拉。
06. 将发辫在头顶位置固定。
07. 将两侧的发辫在头顶位置衔接固定。
08. 在后发区右侧佩戴造型花装饰造型。
09. 在后发区左侧佩戴造型花装饰造型。

新娘优雅编发 06

两侧的编发与后发区的光滑打卷相互结合，搭配复古的纱帽，造型整体优雅大气。

造型步骤分解

01. 将刘海区头发进行三股两边带编发。
02. 继续向下编发带入左侧发区的头发。
03. 继续向后带入顶区头发用三股一边带手法编发。
04. 将右侧发区头发用三股两边带手法编发。
05. 在后发区位置用皮筋将头发扎马尾。
06. 从马尾中分出一片头发向上打卷。
07. 继续从马尾中分出头发向上打卷固定。
08. 从马尾中分出头发继续打卷固定。
09. 分出头发向上打卷固定，与之前的卷相互衔接。
10. 将后发区剩余头发向上打卷。
11. 将打好的卷固定并调整后发区造型轮廓感。
12. 在右侧发区佩戴礼帽饰品。

用编发打造饱满的后盘式造型轮廓感。用绢花佩戴在后发区位置点缀造型，使造型更加优雅、端庄。

造型步骤分解

01. 在左侧发区取头发进行三股两边带编发。
02. 继续向后编发带入后发区头发。
03. 带入后发区下方头发，注意调整编发角度。
04. 编发的时候不要编得过紧，要松紧适度。
05. 将编好的头发收拢。
06. 将收拢的头发扭转并在后发区位置固定。
07. 将右侧发区头发进行三股两边带编发。
08. 将后发区头发带入继续编发。
09. 将编好的头发向上收拢固定。
10. 对头发表面的层次感做调整。
11. 在头顶位置佩戴饰品装饰造型。

新娘优雅编发 08

用两侧发区的发辫修饰后发区的造型轮廓，用永生花点缀在造型后发区，使造型在优雅中更显浪漫。

造型步骤分解

01. 将后发区部分头发在手中收拢。
02. 将发尾向下扣卷。
03. 在头发外套上发网后固定。
04. 将右侧发区头发进行三股辫连编编发。
05. 将左侧发区头发进行三股辫连编编发。
06. 用三股辫编发形式收尾。
07. 将右侧发区的头发在后发区左侧下方位置固定。
08. 将左侧发区的头发在后发区右侧下方固定。
09. 在后发区位置佩戴永生花点缀造型。
10. 在后发区两侧佩戴永生花点缀造型。

新娘优雅编发 09

用后发区两侧的头发修饰后发区的编发,使造型轮廓更加饱满。用暖色绢花装饰造型,增加造型的优雅感。

造型步骤分解

01. 在顶区位置取头发进行三股两边带编发。
02. 边编发边带入后发区头发。
03. 将后发区最下方头发编入辫子中。
04. 将辫子向下扣卷固定。
05. 将后发区右侧头发带至后发区左侧后扭转固定。
06. 将后发区左侧头发带至后发区右侧扭转固定。
07. 将后发区剩余头发在后发区左侧打卷固定。
08. 将刘海区头发向造型左侧梳理。
09. 将梳理好的头发在后发区位置打卷固定。
10. 在刘海区前佩戴饰品装饰造型。
11. 在后发区左侧佩戴饰品装饰造型。

新娘优雅编发 10

用编发与打卷手法相互结合打造后发区造型轮廓感，光滑并且层次感丰富的造型轮廓使造型更显优雅大气。

造型步骤分解

01. 将左侧发区头发进行三股一边带编发。
02. 继续向后编发带入顶区头发。
03. 向后编发收拢头发。
04. 将编好的头发在后发区位置向上打卷。
05. 将打好的卷收紧固定。
06. 在右侧发区用三股一边带的形式编发。
07. 将编好的头发向上打卷固定。
08. 在左侧发区取头发在后发区位置打卷固定。
09. 继续将后发区剩余头发向上提拉扭转固定。
10. 固定好之后将剩余发尾向上打卷。
11. 将打好的卷在造型后发区左侧固定。
12. 在头顶位置佩戴饰品装饰造型。
13. 在后发区位置佩戴饰品点缀造型。

新娘优雅编发 二

在后发区位置编发后固定出后发区饱满的轮廓感。用饰品结合造型花装饰造型，平衡造型的风格走向。

造型步骤分解

01. 在左侧发区取头发用三股一边带形式编发。
02. 将刘海区头发向后拉伸进行三股一边带编发。
03. 边编发边带入右侧发区头发。
04. 注意边编发边调整编发角度。
05. 将两条辫子在顶区位置固定。
06. 将顶区的头发扎马尾。
07. 在后发区位置取头发进行三股两边带编发。
08. 继续向下编发并适当收紧。
09. 将编好的头发向上提拉打卷固定。
10. 将后发区剩余头发进行适当编发。
11. 将编好的头发向上提拉并在后发区位置固定。
12. 在头顶位置佩戴饰品装饰造型。
13. 在造型右侧佩戴造型花装饰造型。
14. 在后发区位置佩戴造型花点缀造型。

新娘优雅编发 12

用编发塑造刘海区的纹理感,在后发区的编发造型基础上用绢花与鲜花相互结合装饰造型。

造型步骤分解

01. 将后发区部分头发进行三股辫编发。
02. 将编好的头发向上扭转打卷。
03. 将打卷好的头发收紧固定。
04. 将左侧发区头发向后发区方向用三股一边带的手法编发。
05. 将编好的头发在后发区右侧固定。
06. 将右侧发区头发用三股一边带手法向后发区方向编发。
07. 将编好的头发在后发区位置固定。
08. 在后发区位置佩戴饰品装饰造型。
09. 在后发区位置佩戴鲜花点缀造型。

新娘优雅编发 13

将头发用编发手法有层次地向上盘起，用鲜花与水钻饰品相互结合，使造型在优雅中具有浪漫感。

造型步骤分解

01. 将两侧发区头发及刘海区头发提拉后向前推并固定。
02. 在后发区右侧取头发进行两股辫编发。
03. 将编好的头发向上提拉并在头顶位置固定。
04. 在后发区左侧取头发进行三股辫编发。
05. 将编好的头发向上提拉并在头顶位置固定。
06. 将后发区右侧头发进行三股辫编发。
07. 将编好的辫子从造型左侧向上提拉并固定。
08. 将后发区剩余头发进行三股辫编发。
09. 将编好的辫子从造型右侧向上提拉并固定。
10. 在头顶位置佩戴饰品装饰造型。
11. 在造型左侧佩戴鲜花装饰造型。

新娘优雅编发 14

编发的时候松紧适度，这样造型会呈现更加饱满的感觉，点缀鲜花使盘起的造型更具美感。

造型步骤分解

01. 将两侧发区头发向上提拉扭转后在后发区进行固定。
02. 将后发区右侧头发进行两股辫续发编发后固定。
03. 将后发区左侧头发进行两股辫续发编发。
04. 将编好的头发向上提拉扭转并在后发区右侧固定。
05. 对造型的整体层次感做调整。
06. 点缀鲜花装饰造型。
07. 在后发区左侧佩戴鲜花装饰造型。

新娘优雅编发 15

后发区有层次感的饱满造型轮廓结合刘海区较为光滑的弧度，呈现优雅、端庄的感觉，点缀金色饰品后更显高贵大气。

造型步骤分解

01. 将右侧发区及后发区位置头发分片扭转后进行固定。
02. 将左侧发区头发扭转后进行固定。
03. 将其中一片头发进行鱼骨辫编发。
04. 将编好的头发在后发区位置打卷固定。
05. 将后发区左侧一片头发进行鱼骨辫编发后向后发区右侧打卷固定。
06. 将后发区右侧一片头发进行鱼骨辫编发后向后发区左侧打卷固定。
07. 将后发区左侧剩余头发进行三股辫编发。
08. 将编好的头发在造型右侧打卷固定。
09. 将后发区右侧剩余头发进行三股辫编发。
10. 将编好的头发向上提拉，在后发区位置打卷固定。
11. 将刘海区头发用三股一边带手法编发。
12. 将编好的头发在后发区位置打卷固定。
13. 在顶区位置佩戴饰品装饰造型。
14. 在后发区位置佩戴饰品点缀造型。

新娘优雅编发 16

在偏向后发区一侧将较为光滑的编发盘起，用金色叶子饰品与鲜花相互结合装饰造型，造型整体浪漫、优雅。

造型步骤分解

01. 将两侧发区及后发区头发在后发区右侧分三股交叉。
02. 进行反编三股辫。
03. 通过反编三股辫手法将头发收拢。
04. 将头发扭转后在后发区右侧进行固定。
05. 将刘海区头发在造型右侧进行三股辫编发。
06. 将编好的头发发尾在后发区下方固定。
07. 在后发区位置佩戴饰品装饰造型。
08. 在后发区位置佩戴鲜花装饰造型。

刘海区头发向后的卷度要松紧适度，这样才能表现出更优美的弧度。

造型步骤分解

01. 将后发区左边头发用三股两边带的手法进行编发。
02. 将编好的头发向下扣卷固定。
03. 将后发区剩余头发进行三股两边带编发并扣卷固定。
04. 将右侧发区头发向后连续扭转并在后发区位置固定。
05. 将刘海区头发连续扭转并在后发区下方固定。
06. 将左侧发区头发向后扭转并在后发区下方固定。
07. 在头顶位置佩戴饰品。
08. 在饰品后方佩戴鲜花。
09. 在后发区位置佩戴鲜花。

新娘优雅编发 18

刘海区光滑的下扣卷与后发区光滑干净的编发相互结合打造造型轮廓的饱满度，佩戴金色饰品后呈现优雅、端庄的感觉。

造型步骤分解

01. 将刘海区头发向下扣卷固定。
02. 将右侧发区头发向上提拉扭转。
03. 将扭转好的头发在右侧发区固定。
04. 将左侧发区头发向上提拉扭转固定。
05. 从右侧后发区取头发向左上方提拉扭转并固定。
06. 从后发区左侧取头发向右提拉扭转并固定。
07. 将后发区剩余头发进行三股两边带编发。
08. 将编好的头发发尾扭转。
09. 将头发在右侧发区进行固定。
10. 在额头位置佩戴饰品装饰造型。
11. 在右侧发区位置佩戴饰品点缀造型。

有层次的刘海与后发区较为光滑的盘发相互结合，使造型优雅又不呆板，饰品的佩戴位置增加了造型的端庄感。

造型步骤分解

01. 将刘海区头发向上提拉并倒梳。
02. 用尖尾梳调整刘海区头发层次感。
03. 将刘海区头发在后发区位置收拢固定。
04. 在后发区位置进行三股两边带编发。
05. 继续向下编发带入后发区下方头发。
06. 将编好的头发收尾固定。
07. 将头发向上打卷，在后发区位置固定。
08. 在额头位置佩戴饰品装饰造型。

新娘优雅编发 20

自然垂落的发丝，偏向一侧垂落的编发与复古帽子相互结合，让造型优雅又甜美浪漫。

造型步骤分解

01. 在两侧发区保留发丝。
02. 将左侧发区头发向后发区方向扭转并固定。
03. 在后发区两侧取头发左右交叉。
04. 继续向下进行鱼骨辫编发。
05. 辫子适当松散，不要收得过紧。
06. 将辫子用皮筋扎好固定。
07. 将辫子在造型右侧垂落。
08. 在辫子皮筋固定处佩戴造型花。
09. 在头顶右侧佩戴礼帽。

新娘优雅编发 21

刘海区饱满的层次凸显了造型的优雅感，配合柔美的饰品装饰使造型优雅中更显浪漫、唯美。

造型步骤分解

01. 将刘海区头发向上提拉并倒梳使其更有层次。
02. 在后发区右侧取头发进行鱼骨辫编发。
03. 将辫子向上提拉在头顶位置固定。
04. 在左侧后发区取头发进行鱼骨辫编发。
05. 将辫子向上提拉并在顶区位置固定。
06. 在后发区位置将部分头发扎马尾。
07. 将扎好的马尾扭转固定，保留发尾层次。
08. 将后发区左侧剩余头发进行鱼骨辫编发。
09. 将编好的头发向上盘绕固定。
10. 将后发区剩余头发进行鱼骨辫编发。
11. 将编好的辫子做层次调整。
12. 将调整好层次的辫子在后发区位置固定。
13. 在后发区位置佩戴造型花装饰造型。
14. 在头顶位置佩戴皇冠装饰造型。

新娘优雅编发 22

后发区光滑的包发效果与刘海区编发的纹理感相互结合,使造型优雅、端庄又具有浪漫、唯美感觉。

造型步骤分解

01. 将刘海区头发进行三股一边带编发。
02. 继续向后将编发顺至右侧发区位置。
03. 将左侧发区头发进行三股一边带编发并在后发区位置固定。
04. 将后发区左侧头发向上翻卷并固定。
05. 将后发区中间头发向上翻卷并固定。
06. 将后发区右侧头发向上翻卷并固定。
07. 对后发区造型结构进行细致牢固的固定。
08. 在刘海区位置佩戴饰品装饰造型。
09. 在左侧发区位置佩戴饰品装饰造型。
10. 在后发区位置佩戴饰品点缀造型。

新娘优雅编发 23

将编发在后发区位置盘出饱满的弧度，用暖色绢花装饰造型，将端庄优雅与浪漫相互融合。

造型步骤分解

01. 在右侧发区取发丝进行烫卷。
02. 用三股一边带手法连接左侧发区下方和部分后发区头发。
03. 继续向后用三股辫编发的手法收尾后固定。
04. 将刘海区头发进行三股一边带编发。
05. 带入后发区部分头发继续编发。
06. 将编好的头发在后发区位置打卷固定。
07. 从右侧发区取头发进行三股一边带编发。
08. 将编好的头发在后发区左侧打卷固定。
09. 将后发区位置最后剩余头发进行三股辫编发。
10. 将编好的头发向上打卷后在后发区位置固定。
11. 在造型左侧佩戴饰品装饰造型。
12. 在后发区位置佩戴饰品装饰造型。

Part 3

新娘唯美编发

将发辫固定在两侧位置与绿藤相互结合，在后发区两侧佩戴仿真花进行装饰。整体呈现唯美森系的造型感。

造型步骤分解

01. 将顶区头发在后发区位置扎马尾。
02. 将左侧发区头发扭转后在后发区位置固定。
03. 将右侧发区头发扭转后在后发区位置固定。
04. 在后发区右侧位置取头发向上提拉扭转固定。
05. 在后发区左侧位置取头发向右侧提拉扭转固定。
06. 固定好之后将剩余发尾向上打卷固定。
07. 将左侧发区头发向右侧提拉扭转固定。
08. 将剩余发尾向左侧提拉扭转固定。
09. 在剩余头发中取部分头发进行三股辫编发。
10. 将编好的头发在造型左侧向上提拉在头顶位置固定。
11. 将剩余头发进行三股辫编发。
12. 将编好的头发从造型右侧向上提拉在头顶位置固定。
13. 将绿藤在后发区位置固定装饰造型。
14. 在后发区左侧佩戴仿真花装饰造型。
15. 在后发区右侧佩戴仿真花装饰造型。

新娘唯美编发 02

用编发和打卷相互结合在后发区位置进行打卷式盘发。将森系的花环与皇冠及蝴蝶结发带相互搭配,造型整体唯美又具有高贵感。

造型步骤分解

01. 将刘海区头发分出两股相互交叉。
02. 向后发区方向进行鱼骨辫编发。
03. 将编好的头发收紧。
04. 将收紧的头发在后发区位置固定。
05. 将左侧发区头发进行三股一边带编发。
06. 继续向后发区方向编头发。
07. 将编好的头发在后发区位置扭转固定。
08. 将右侧发区头发进行三股一边带编发。
09. 将编好的头发在后发区位置扭转固定。
10. 在后发区左侧取头发向上打卷固定。
11. 在后发区中间取头发向右侧发区进行打卷固定。
12. 继续在后发区取头发向左侧发区打卷固定。
13. 将后发区剩余头发向上提拉打卷固定。
14. 佩戴皇冠和蝴蝶结装饰造型。
15. 佩戴花环饰品装饰造型。

新娘唯美编发 03

刘海区呈现自然饱满的层次感，在后发区位置用绢花发箍及永生花相互结合搭配呈现唯美浪漫的感觉。

造型步骤分解

01. 将刘海区头发向上调整出层次。
02. 在左侧发区留出部分头发，将剩余头发做两股辫编发。
03. 将编好的头发提拉扭转在后发区右侧固定。
04. 在后发区右侧以相同方式进行两股辫编发。
05. 将编好的头发进行扭转，在后发区左侧固定。
06. 将左侧发区剩余头发向上提拉扭转并固定。
07. 在后发区左侧取发片向右侧扭转并固定。
08. 将右侧发区剩余头发向后发区方向扭转并固定。
09. 将后发区下方的一部分头发进行松散编发。
10. 将编好的头发向后发区左侧提拉扭转固定。
11. 将后发区剩余头发进行三股辫编发。
12. 将编好的头发向上打卷并固定。
13. 在头顶位置佩戴花环装饰造型。
14. 在造型左侧佩戴永生花装饰造型。
15. 在造型右侧佩戴永生花装饰造型。

新娘唯美编发 04

用三股一边带的编发手法将头发收至后发区一侧后大面积用绢花对造型进行装饰，使造型呈现唯美优雅的感觉。

造型步骤分解

01. 将顶区头发用三股一边带手法向后发区方向编发。
02. 带入右侧发区头发继续向后发区方向编发。
03. 带入后发区右侧头发继续编发。
04. 将编好的辫子收尾用皮筋固定。
05. 在左侧发区取头发继续向后发区方向进行三股一边带编发。
06. 编发至后发区用皮筋固定。
07. 将左侧发区最后剩余头发用三股两边带的方式向后发区进行编发。
08. 将编好的头发在后发区收拢。
09. 将收拢的头发在后发区下方固定。
10. 在后发区左侧佩戴永生花装饰造型。

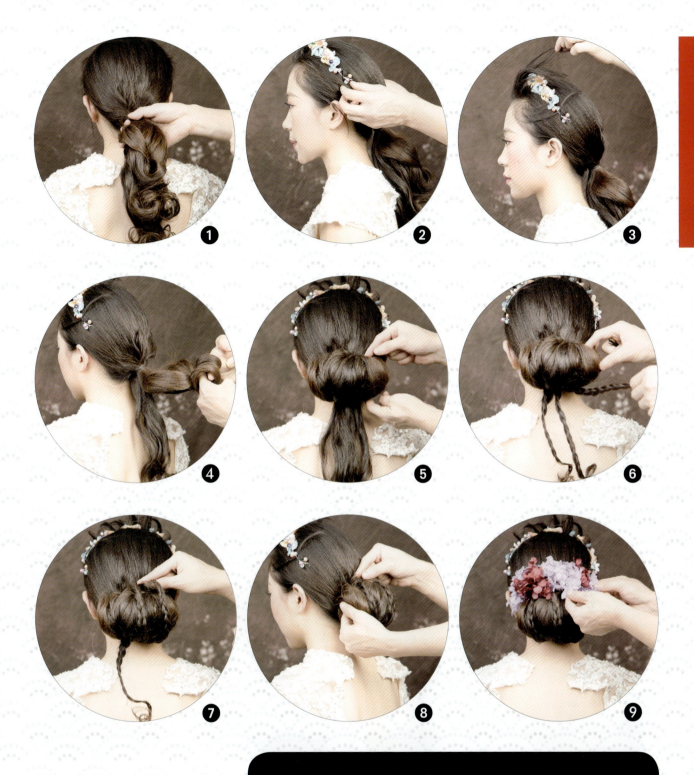

新娘唯美编发 05

将发辫固定在后发区光滑的盘发上增加后发区造型的纹理感，刘海区的层次对饰品进行适当的遮挡，使造型整体更加唯美。

造型步骤分解

01. 在后发区位置扎马尾。
02. 在头顶位置佩戴花环饰品。
03. 将刘海区发丝调整出层次，对花环饰品进行修饰。
04. 在花环饰品中分出部分头发向上打卷。
05. 将打好的卷在后发区位置固定并对其轮廓感做调整。
06. 将后发区剩余头发做三条三股辫编发。
07. 将编好的辫子向上固定。
08. 将最后一条辫子向上固定，辫子之间的间隔基本均等。
09. 佩戴永生花装饰造型。

新娘唯美编发 06

在后发区编盘发的基础上用永生花和花枝进行装饰，在后发区下方用发带系出蝴蝶结效果，使造型更加唯美。

造型步骤分解

01. 将右侧发区头发分两股扭转后在后发区位置固定。
02. 将左侧发区头发扭转后在后发区位置固定。
03. 在后发区右侧取头发进行三股辫编发。
04. 将编好的头发在后发区位置打卷固定。
05. 在后发区左侧取头发进行三股辫编发。
06. 将编好的头发向上提拉。
07. 将头发发尾收起，在后发区上方固定。
08. 将后发区剩余头发进行三股辫编发后向上打卷固定。
09. 在后发区位置佩戴饰品后将发带打蝴蝶结。

造型步骤分解

01. 在顶区位置取头发打卷固定。
02. 继续在顶区位置取头发打卷固定。
03. 将刘海向右侧发区处理服帖。
04. 将右侧发区头发在后发区位置扭转固定。
05. 将左侧发区头发进行三股一边带编发。
06. 继续向后编发带入后发区右侧的头发。
07. 继续向下带入头发进行三股一边带编发。
08. 编好之后将头发向上翻卷固定。
09. 佩戴好饰品在后发区下方系好。
10. 佩戴绿藤饰品点缀造型。
11. 在后发区位置佩戴造型花点缀造型。

新娘唯美编发 08

用发带和绿色鲜花在简洁的层次感编发上相互搭配，使造型整体呈现更唯美的森系感觉。

造型步骤分解

01. 将刘海区与右侧发区头发进行三股一边带编发。
02. 继续向后编发带入部分后发区头发后向上扭转固定。
03. 固定好之后将发尾调整出层次感。
04. 将左侧发区头发进行三股一边带编发。
05. 用三股辫编发收尾后固定。
06. 将后发区剩余头发进行三股一边带编发。
07. 将后发区剩余头发全部编在一起。
08. 将编好的头发向上盘绕固定。
09. 将发带在头顶打结固定。
10. 在头顶佩戴鲜花。
11. 在后发区右侧佩戴鲜花。
12. 在后发区左侧佩戴鲜花。

新娘唯美编发 09

刘海区用打卷手法增加造型结构的表现形式，将头发编至造型一侧进行盘发固定。用水钻饰品与永生花相互结合表现唯美感。

造型步骤分解

01. 将刘海区头发向下打卷。
02. 继续从顶区分出头发向下打卷。
03. 将右侧发区头发向后扭转并固定。
04. 固定好之后将剩余发尾固定并调整层次。
05. 从左侧发区取头发与后发区头发结合进行三股一边带编发。
06. 用三股辫编发的形式收尾。
07. 编好之后向上打卷固定。
08. 将后发区右侧头发进行三股辫编发。
09. 将编好的头发向上提拉打卷固定。
10. 将后发区剩余头发进行三股一边带编发。
11. 用三股辫编发形式收尾。
12. 将编好的头发在造型右侧固定。
13. 在造型右侧佩戴饰品装饰造型。
14. 佩戴永生花点缀造型。

新娘唯美编发 10

后发区的编发光滑简洁，用发丝修饰鲜花，与绢花和网纱饰品相互结合，两种饰品都属于唯美类型的饰品。

造型步骤分解

01. 从左侧发区开始向后进行三股两边带编发。
02. 注意根据编发位置调整身体方位。
03. 用三股辫编发的方式收尾。
04. 将编好的头发在后发区下方打卷。
05. 打好卷之后将头发在后发区下方固定。
06. 将刘海区头发向上翻卷固定。
07. 在刘海区位置佩戴鲜花。
08. 用发丝对鲜花进行修饰。
09. 在后发区右侧佩戴鲜花。
10. 在左侧发区佩戴饰品装饰造型。

新娘唯美编发 二

用永生花饰品修饰后发区下方位置，在头顶一侧佩戴飘逸感的礼帽，使造型的每个角度都具有唯美感。

造型步骤分解

01. 将刘海区头发用两股辫编发形式向左侧发区编发。
02. 将编好的头发在后发区右侧固定。
03. 将右侧发区头发用两股辫编发形式向后发区方向编发。
04. 将编好的头发在后发区左侧固定。
05. 将后发区剩余头发用三股一边带手法编发。
06. 将编好的头发在右侧发区位置固定。
07. 在右侧发区位置佩戴饰品装饰造型。
08. 在后发区位置佩戴花材饰品装饰造型。

新娘唯美编发 12

注意调整编发角度，使编发符合后发区造型轮廓感需要，打造更加饱满的造型轮廓感。

造型步骤分解

01. 从顶区位置取头发，向后发区方向进行三股两边带编发。
02. 边编发边带入后发区头发。
03. 用三股辫编发的手法收尾。
04. 将编好的头发发尾打卷固定。
05. 将左侧发区结合后发区头发用三股一边带手法编发。
06. 边编发边带入后发区右侧头发。
07. 将编好的头发在后发区下方收尾固定。
08. 将刘海区头发向后发区位置扭转并固定。
09. 将剩余发尾在后发区下方收尾固定。
10. 在后发区位置佩戴饰品装饰造型。
11. 在造型左侧佩戴饰品装饰造型。
12. 用发丝对饰品进行适当修饰。

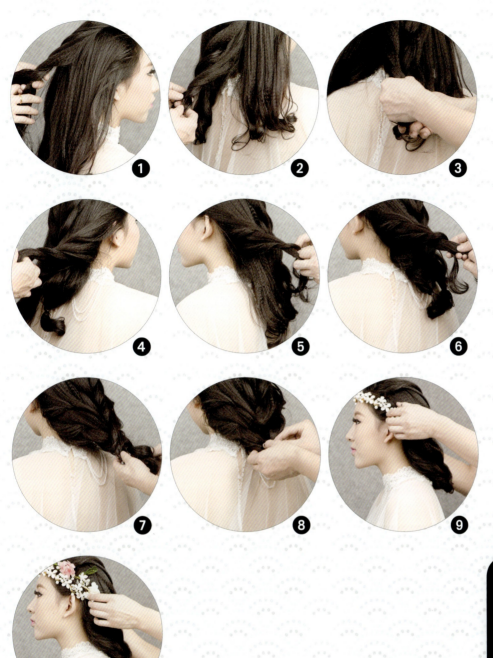

新娘唯美编发 13

用两股辫编发的手法相互结合，在后发区位置打造后垂式的编盘发效果。用永生花饰品增加造型的唯美度。

造型步骤分解

01. 在头顶位置取头发用两股辫续发的形式向后发区位置编发。
02. 将编好的辫子收紧并固定。
03. 用相同方式继续取头发向后发区方向编发。
04. 将右侧发区与后发区头发进行两股辫续发编发。
05. 将左侧发区与后发区头发进行两股辫续发编发。
06. 辫子不要收得过紧，松紧适度。
07. 将编好的辫子收拢在一起。
08. 将收拢的辫子向下方扣卷后固定。
09. 在额头位置佩戴饰品装饰造型。
10. 在额头位置佩戴花材饰品装饰造型。

新娘唯美编发 14

在光滑感的编盘发上用绿藤、造型花以及绿叶相互结合装饰造型，使造型通过饰品的衬托更加唯美。

造型步骤分解

01. 在头顶位置取头发用三股一边带的手法编发。
02. 将编好的头发扭转后在右侧后发区固定。
03. 将右侧发区头发进行三股一边带编发。
04. 将编好的头发在后发区位置固定。
05. 将右侧刘海区头发扭转后在后发区位置固定。
06. 将左侧刘海区头发扭转后在后发区位置固定。
07. 将后发区剩余头发倒梳。
08. 将梳理好的头发向上打卷固定。
09. 在头顶位置佩戴绿藤装饰造型。
10. 在后发区左侧佩戴造型花装饰造型。

造型步骤分解

01. 在右侧发区用三股一边带手法编发。
02. 边编发边带入后发区右侧头发。
03. 将编好的头发在后发区位置扭转固定。
04. 将左侧发区头发用相同方式编发。
05. 将编好的头发在后发区位置扭转固定。
06. 将一条发带系在一片头发上。
07. 进行三股辫编发。
08. 在后发区左侧用相同方式进行三股辫编发。
09. 将后发区剩余头发进行三股辫编发。
10. 将后发区所有头发扭转后在后发区位置固定。
11. 在后发区位置佩戴造型花装饰造型。
12. 在头顶位置佩戴饰品装饰造型。

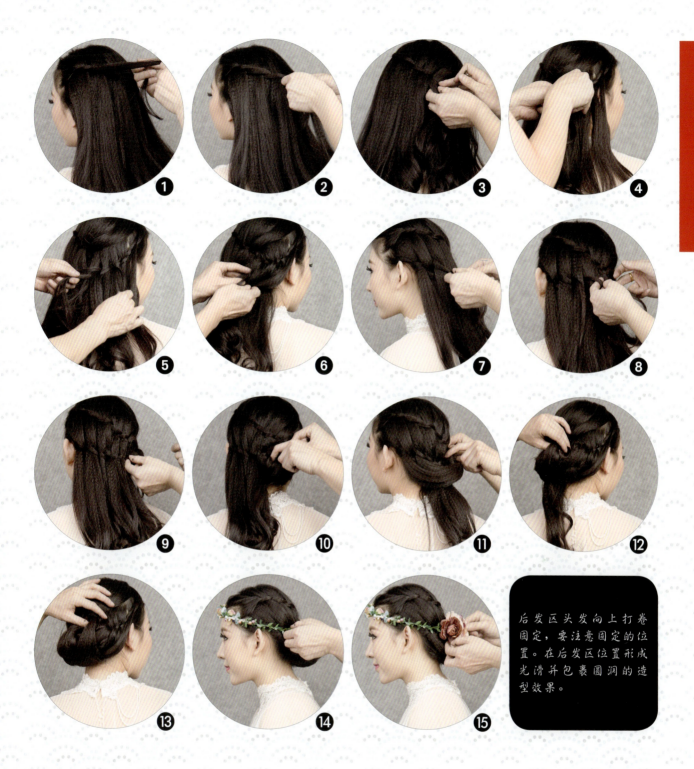

新娘唯美编发 16

后发区头发向上打卷固定，要注意固定的位置。在后发区位置形成光滑并包裹圆润的造型效果。

造型步骤分解

01. 在左侧发区位置取头发用瀑布辫手法编发。
02. 向后发区位置继续编发。
03. 将辫子编好后在后发区位置固定。
04. 从右侧发区取头发用瀑布辫手法编发。
05. 继续向后发区位置编发。
06. 编好后将头发在后发区位置扭转固定。
07. 在后发区左侧取头发继续用瀑布辫手法编发。
08. 向后发区右侧方向编发。
09. 将编好的头发在后发区右侧固定。
10. 在后发区右侧取头发向上打卷并固定。
11. 在后发区左侧取头发向右侧提拉打卷固定。
12. 继续在后发区分出一片头发向上提拉打卷固定。
13. 将后发区剩余头发向上打卷固定。
14. 在额头位置佩戴花环饰品。
15. 在后发区位置佩戴仿真花装饰造型。

造型步骤分解

01. 在右侧发区用瀑布辫手法编发。
02. 继续向后发区方向编发并固定。
03. 在辫子下方取头发用三股一边带的手法进行编发。
04. 继续向后发区方向用三股一边带手法编发。
05. 将编好的头发向上扭转固定。
06. 将左侧发区和剩余后发区头发用两股辫续发的手法编发。
07. 将剩余发尾向上提拉扭转。
08. 在后发区位置将头发固定。
09. 在头顶左侧佩戴造型花装饰造型。
10. 在后发区位置佩戴饰品装饰造型。

新娘唯美编发 18

刘海区位置的三股一边带编发要松紧适度，呈现较为饱满的轮廓感。

造型步骤分解

01. 将刘海区头发用三股一边带手法编发。
02. 注意向后发区方向自然调整编发角度。
03. 继续向后编发带入后发区头发。
04. 将编好的头发在后发区位置打卷固定。
05. 在后发区位置取头发进行三股两边带编发。
06. 继续编发带入后发区下方头发。
07. 将编好的头发在后发区右侧向上打卷固定。
08. 将左侧发区头发在后发区位置打卷固定。
09. 将后发区剩余头发在后发区打卷固定。
10. 在后发区位置佩戴造型花装饰造型。
11. 在头顶左侧佩戴造型花装饰造型。

新娘唯美编发 19

光滑服帖的刘海,将编发在后发区一侧固定,用造型花在后发区一侧装饰造型,使造型更加唯美典雅。

造型步骤分解

01. 将左侧发区头发用三股一边带的形式进行编发。
02. 将编好的头发在后发区位置向上打卷固定。
03. 在后发区位置取头发进行三股两边带编发。
04. 带入后发区下方头发继续进行编发。
05. 用三股辫编发的手法收尾并固定。
06. 将刘海区头发进行三股辫编发。
07. 将编好的头发在后发区下方固定。
08. 在后发区左侧佩戴造型花装饰造型。

用发辫在后发区位置做出花形效果，将造型花装饰在后发区空陈位置，使后发区造型更加饱满唯美。

造型步骤分解

01. 将刘海区和右侧发区头发进行三股一边带编发。
02. 继续向下用三股辫编发的手法编发。
03. 将编好的辫子向上打卷固定。
04. 将左侧发区和部分后发区头发用三股辫连编手法编发。
05. 继续向下用三股辫编发手法编发。
06. 将后发区剩余头发用三股辫编发手法编发。
07. 将其中一条辫子向上打卷固定。
08. 将剩余辫子向上打卷固定。
09. 在后发区位置佩戴造型花装饰造型。

新娘唯美编发 21

将头发在后发区位置做饱满有层次的编盘发效果，用造型花在前后发区进行装饰，使造型更显唯美。

造型步骤分解

01. 在头顶右侧佩戴造型花。
02. 将头顶的头发用发胶辅助调整出层次感。
03. 将左侧发区的头发用两股辫续发的形式编发。
04. 将编好的头发扭转后在后发区位置固定。
05. 将右侧发区头发用两股辫续发形式编发并在后发区左侧固定。
06. 在后发区左侧取头发进行三股辫编发并固定。
07. 将后发区剩余头发进行三股辫编发。
08. 将编好的头发向上扭转固定。
09. 在后发区位置佩戴造型花装饰造型。

新娘唯美编发 22

将头发编发后在后发区打卷固定出花形层次感，用发带与造型花相互搭配，使造型呈现更加唯美的感觉。

造型步骤分解

01. 在后发区扎两个辫子，然后将辫子掏转。
02. 从刘海区位置取头发向后发区方向进行鱼骨辫编发。
03. 继续向下进行三股辫编发。
04. 将编好的头发向后发区左侧固定。
05. 将左侧发区头发进行三股一边带编发。
06. 将编好的头发在后发区位置向上提拉打卷固定。
07. 从后发区剩余头发中分出一部分打卷造型并固定。
08. 继续分出头发向上打卷造型。
09. 将后发区剩余的一部分头发进行三股辫编发。
10. 将编好的辫子向上打卷固定。
11. 将后发区剩余头发进行三股辫编发。
12. 将编好的辫子向上打卷固定。
13. 佩戴饰品装饰造型。

新娘唯美编发 23

对编好的辫子进行抽丝是为了让辫子呈现更丰富的层次感。这种造型手法对打造层次感起到很好的作用。

造型步骤分解

01. 在后发区位置进行三股辫编发。
02. 将编好的头发进行抽丝，使其更有层次感。
03. 将辫子对折后在后发区位置固定。
04. 将左侧发区头发进行三股一边带编发。
05. 将编好的辫子向上打卷，在后发区位置固定。
06. 将右侧发区头发进行三股一边带编发。
07. 继续向下进行三股辫编发。
08. 将编好的辫子向上打卷在后发区位置固定。
09. 在头顶位置佩戴饰品。
10. 用剩余发丝对饰品进行修饰。
11. 在造型右侧佩戴造型花装饰造型。

新娘唯美编发 24

在对刘海区头发进行编发的时候要留出一定的松散度，以便打造刘海区的饱满度。

造型步骤分解

01. 将右侧发区头发进行三股两边带编发。
02. 向后发区方向继续编发带入后发区头发。
03. 继续用三股辫编发手法编发。
04. 将编好的头发在后发区位置打卷固定。
05. 将剩余头发在后发区左侧进行三股辫编发。
06. 将编好的头发向后发区右侧带。
07. 将头发在后发区右侧固定。
08. 在后发区左侧佩戴造型花装饰造型。

新娘唯美编发 25

在做第一条三股两边带编发时不要将头发编得过紧，如果编得过紧会破坏刘海区及两侧发区的饱满度。

造型步骤分解

01. 从顶区位置向后发区方向进行三股两边带编发。
02. 带入两侧发区头发继续向后发区下方编发。
03. 将后发区左侧头发打结后向上提拉。
04. 将打结好的头发在后发区位置固定。
05. 在后发区右侧取头发打结后向上提拉。
06. 将打结好的头发在后发区左侧固定。
07. 将后发区位置剩余头发进行三股辫编发。
08. 将编好的辫子在后发区右侧固定。
09. 在后发区位置佩戴饰品装饰造型。

新娘唯美编发 26

发辫在后发区位置穿插出丰富层次，将网纱饰品点缀在后垂的卷发上，使造型更显唯美浪漫。

造型步骤分解

01. 将刘海区头发向造型左侧进行三股两边带编发。
02. 在左侧发区取部分头发做两个三股辫编发。
03. 在右侧发区取部分头发做两个三股辫编发。
04. 将右侧发区一条辫子在后发区头发中间穿插。
05. 将左侧发区一条辫子在后发区头发中间穿插。
06. 在左侧发区取发辫继续穿插。
07. 注意发辫的穿插规律。
08. 在后发区下方将头发收拢。
09. 将收拢的头发用皮筋固定。
10. 在头顶和后发区位置佩戴饰品装饰造型。

造型步骤分解

01. 将左侧发区头发用两股辫续发的形式编发。
02. 继续向后编发带入后发区下方头发。
03. 将编好的头发在后发区右侧扭转固定。
04. 将刘海区头发向造型右侧编发。
05. 用三股两边带的手法向下编发。
06. 带入部分右侧发区头发向后发区方向编发。
07. 在后发区位置将头发扭转。
08. 将扭转好的头发在后发区左侧固定。
09. 从顶区位置向后发区方向进行三股一边带编发。
10. 将辫子在后发区左侧收尾。
11. 将辫子向上打卷在后发区左侧固定。
12. 在头顶位置佩戴饰品装饰造型。
13. 在后发区右侧佩戴永生花装饰造型。
14. 在造型左侧佩戴永生花装饰造型。

Part 4

新娘复古编发

新娘复古编发 01

简洁干净向上盘起的编发搭配复古水晶皇冠，造型整体复古高贵。

造型步骤分解

01. 将刘海区头发扭转。
02. 扭转之后将头发适当前推固定。
03. 将左侧发区连同部分后发区头发用三股一边带手法编发。
04. 继续向下用三股辫手法编发。
05. 将编好的头发向上扭转，在后发区位置固定。
06. 将右侧发区头发用三股一边带手法编发。
07. 继续向下用三股辫手法编发。
08. 将编好的头发向上打卷在后发区位置固定。
09. 将后发区剩余头发用两股辫编发手法编发。
10. 将编好的头发在后发区位置固定。
11. 在头顶位置佩戴皇冠装饰造型。

新娘复古编发 02

自然服帖的刘海，后发区光滑饱满的编发纹理搭配夸张华丽的复古皇冠，使造型的复古感更加强烈。

造型步骤分解

01. 在顶区取头发在后发区位置三股交叉。
02. 交叉好之后将头发在后发区位置固定。
03. 将左侧发区头发在后发区位置扭转。
04. 将扭转好的头发在后发区位置固定。
05. 将右侧发区头发进行三股辫编发。
06. 将编好的头发在后发区位置固定。
07. 在后发区左侧取头发进行三股辫编发。
08. 将编好的头发在后发区右侧固定。
09. 在后发区右侧取头发进行三股辫编发。
10. 将编好的头发在后发区左侧固定。
11. 将后发区剩余头发进行三股辫编发。
12. 将编好的头发在后发区左侧固定。
13. 在头顶位置佩戴皇冠装饰造型。

造型步骤分解

01. 将造型左侧用鱼骨辫方式编发。
02. 辫子适当编得紧一些。
03. 将辫子从后发区下方带至造型右侧。
04. 将辫子在造型右侧固定。
05. 将右侧发区头发以两股辫编发形式向后扭转。
06. 在后发区位置带入左侧发区头发。
07. 继续向下用三股一边带形式编发。
08. 带入后发区右侧头发。
09. 继续向下编发至后发区下方。
10. 将辫子用皮筋固定。
11. 用后发区剩余头发包住辫子收尾位置。
12. 在头顶左侧佩戴礼帽装饰造型。
13. 在帽子下方佩戴永生花装饰造型。
14. 在右侧发区位置佩戴永生花装饰造型。

新娘复古编发 04

刘海区饱满不夸张的弧度与后发区的编发造型结构相互结合，佩戴华丽、复古皇冠，造型整体更加复古大气。

造型步骤分解

01. 在头顶位置佩戴皇冠。
02. 将刘海区及右侧发区头发在向后发区方向扭转并固定。
03. 将左侧发区头发以两股辫编发形式向后发区方向扭转并固定。
04. 在后发区位置取部分头发进行三股一边带编发。
05. 将编好的头发向后发区右侧打卷并固定。
06. 在后发区右侧取头发进行三股辫编发。
07. 将编好的头发向上打卷并固定。
08. 在后发区左侧取头发进行三股一边带编发。
09. 将编好的头发向上打卷并固定。
10. 在后发区剩余头发中分出一片向左打卷固定。
11. 继续从后发区剩余头发中分出一片向右打卷固定。
12. 将后发区剩余头发进行三股辫编发。
13. 将编好的头发在造型结构衔接处固定。

造型步骤分解

01. 将右侧发区头发向后扭转并固定。
02. 将刘海区头发在右侧发区向上翻卷。
03. 将翻卷好的头发在后发区位置固定。
04. 将左侧发区头发向后扭转固定。
05. 固定好之后将剩余头发进行三股辫编发。
06. 将编好的头发在后发区右侧固定。
07. 在后发区左侧取头发进行三股辫编发。
08. 将编好的辫子绕过后发区剩余头发后向右侧提拉。
09. 将辫子发尾收起后固定。
10. 将后发区剩余头发三股交叉。
11. 将其中一片向上打卷固定。
12. 将另一片向左侧打卷固定。
13. 将剩余头发向上打卷。
14. 将打好的卷固定。
15. 在造型左侧佩戴饰品装饰造型。

造型步骤分解

01. 在顶区位置扎马尾。
02. 在马尾中取头发进行三股一边带编发。
03. 继续向下编发并带入马尾中的头发。
04. 将马尾中的头发全部编入辫子中。
05. 将辫子向上扭转固定。
06. 将刘海区头发用尖尾梳倒梳。
07. 将倒梳好的头发调整层次后固定。
08. 将右侧发区头发向上提拉打卷后固定。
09. 将后发区头发向上提拉扭转后固定。
10. 将后发区剩余头发向上扭转。
11. 发尾收起后将头发进行固定。
12. 将左侧发区头发向上提拉扭转并在顶区位置固定。
13. 在造型左侧佩戴饰品装饰造型。

新娘复古编发 07

将几条发辫在头顶位置盘绕成发髻，打造简洁有层次感的盘发效果，搭配永生花饰品使造型整体具有复古唯美感。

造型步骤分解

01. 在头顶位置扎马尾。
02. 分出刘海区头发。
03. 将刘海区和左右两侧发区头发在后发区位置相互交叉。
04. 将交叉好的头发向下进行三股辫编发。
05. 将编好的头发向上扭转固定。
06. 将后发区剩余部分头发进行三股辫编发。
07. 继续分出头发进行三股辫编发。
08. 将最后剩余头发进行三股辫编发。
09. 将其中一条辫子扭转后向上盘绕固定。
10. 继续将辫子向上盘绕扭转固定。
11. 将剩余辫子向上盘绕扭转固定。
12. 在后发区位置佩戴饰品装饰造型。

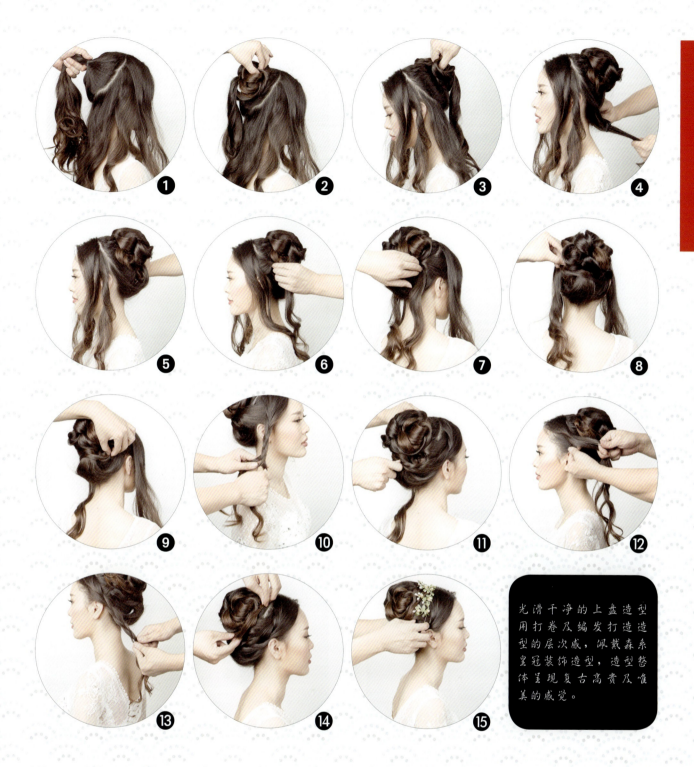

新娘复古编发 08

光滑干净的上盘造型用打卷及编发打造造型的层次感，佩戴森系皇冠装饰造型，造型整体呈现复古高贵及唯美的感觉。

造型步骤分解

01. 在顶区位置扎马尾。
02. 从马尾中分出部分头发打卷后固定。
03. 继续将马尾中剩余头发打卷固定。
04. 将后发区下方头发倒梳。
05. 将倒梳好的头发向上打卷固定。
06. 将左侧发区头发向后提拉扭转固定。
07. 将右侧发区头发向后提拉扭转固定。
08. 将右侧发区剩余发尾向造型左侧提拉并打卷。
09. 将左侧发尾向造型右侧提拉并打卷固定。
10. 将一侧刘海区头发进行三股辫编发。
11. 将编好的头发在后发区位置固定。
12. 将另外一侧刘海区头发进行三股辫编发。
13. 边编发边将头发向后发区方向带。
14. 将编好的头发在造型右侧固定。
15. 在头顶位置佩戴饰品装饰造型。

造型步骤分解

01. 在头顶位置扎马尾。
02. 在马尾中分出头发与右侧发区头发相互结合进行三股两边带编发。
03. 编发至后发区下方用三股辫编发的形式收尾。
04. 在马尾中分出头发与左侧发区头发相互结合进行三股两边带编发。
05. 编发至后发区下方用三股辫编发形式收尾。
06. 将左右两侧头发相互交叉。
07. 将左侧发辫在右侧发区固定。
08. 将后发区剩余部分头发用两股辫编发形式扭转。
09. 将扭转好的头发在右侧发区固定。
10. 将后发区剩余头发用两股辫形式扭转。
11. 将扭转好的头发在左侧发区固定。
12. 将剩余发辫在左侧发区固定。
13. 将刘海区头发向后扭转隆起后进行固定。
14. 将左右两侧发区头发向上提拉扭转隆起后固定。
15. 在头顶位置佩戴饰品。

用编发丰富后发区及顶区的造型纹理感，刘海区自然隆起使造型的复古感觉更强烈。

新娘复古编发 10

低位后盘的饱满造型，搭配复古皇冠及在后发区位置点缀金色饰品，使造型整体更加复古高贵。

造型步骤分解

01. 将右侧发区头发用两股辫编发形式向下扭转。
02. 向后发区方向扭转头发。
03. 将扭转好的头发在后发区位置固定。
04. 将左侧发区头发用两股辫编发形式向下扭转。
05. 将头发扭转至后发区位置。
06. 从后发区下方取头发扭转后向上提拉。
07. 将扭转好的头发在后发区位置固定。
08. 将左侧发区头发在后发区右侧固定。
09. 从后发区剩余头发中分出一片扭转后向上提拉。
10. 将头发打卷后在后发区位置固定。
11. 将后发区剩余头发进行扭转。
12. 将扭转好的头发打卷后在后发区位置固定。
13. 在头顶位置佩戴皇冠装饰造型。
14. 在后发区位置佩戴饰品装饰造型。

造型步骤分解

01. 在顶区扎马尾后从下向上掏转。
02. 将掏转好的头发拉紧。
03. 将发辫中分出一部分与右侧发区头发扎在一起。
04. 扎好之后将头发掏转。
05. 左侧用相同方式操作。
06. 将掏转好的头发收紧。
07. 在左右两侧发辫中取头发相互结合进行鱼骨辫编发。
08. 编发至后发区下方进行固定。
09. 将刘海区头发在造型右侧以两股辫的形式扭转。
10. 将扭转好的头发在后发区位置固定。
11. 用后发区下方垂落的头发隐藏住辫子的发尾。
12. 调整后发区的造型轮廓感。
13. 在左侧发区位置佩戴造型花装饰造型。
14. 在后发区位置佩戴造型花点缀造型。
15. 佩戴礼帽装饰造型。

造型步骤分解

01. 在左侧发区取部分头发进行三股一边带编发。
02. 边编发边带入后发区左侧头发。
03. 将编好的辫子发尾向上打卷固定。
04. 调整刘海区发丝的层次感。
05. 从刘海区取头发向右侧发区进行三股一边带编发。
06. 边编发边带入后发区头发。
07. 将编好的头发发尾向下扣卷收拢后固定。
08. 在头顶佩戴皇冠装饰造型。

造型步骤分解

01. 将头发在后发区位置横向插入发夹固定。
02. 将右侧发区头发向后扭转并固定。
03. 将刘海区头发调整好弧度后固定。
04. 将刘海区头发进行鱼骨辫编发。
05. 将编好的发辫用皮筋固定。
06. 将辫子固定在后发区左侧。
07. 在后发区右侧将辫子用两股辫续发的形式扭转后固定。
08. 在后发区左侧将辫子用两股辫续发形式扭转。
09. 在后发区右侧将头发固定。
10. 在头顶位置佩戴头纱。
11. 在造型左侧佩戴造型花。
12. 在造型右侧佩戴造型花。

新娘复古编发 14

光滑服帖有弧度的刘海，佩戴复古花形图案的发带及华丽、复古皇冠，造型整体复古、简约、高贵。

造型步骤分解

01. 将后发区头发横向插入发夹固定。
02. 将刘海区连同右侧发区头发用两股辫续发的形式向后扭转。
03. 将头发扭转至后发区位置并带入后发区头发。
04. 将扭转好的头发在后发区位置固定。
05. 在后发区左侧取头发以两股辫的形式向右扭转。
06. 将头发扭转至后发区右侧。
07. 将头发在后发区右侧固定。
08. 将左侧发区头发进行三股辫编发。
09. 将头发带至后发区右侧固定。
10. 在头顶位置佩戴皇冠。
11. 在皇冠基础上佩戴发带。

新娘复古编发 15

用三条发辫在后发区位置结合在一起打造后发区造型轮廓，中分的光滑刘海，佩戴头纱及蕾丝饰品装饰造型，造型整体复古优雅。

造型步骤分解

01. 在头顶位置取头发进行三股两边带编发。
02. 继续向下编发并带入后发区头发。
03. 继续向下用三股辫编发的形式编发。
04. 在右侧发区取头发进行三股一边带编发。
05. 边编发边带入后发区右侧头发。
06. 将后发区左侧头发用三股一边带的形式编发。
07. 边编发边带入后发区左侧头发。
08. 将后发区剩余头发编入其中后用皮筋固定。
09. 将右侧发区发辫在后发区左侧固定。
10. 将左侧发区发辫在后发区右侧固定。
11. 将后发区剩余头发向上盘绕固定。
12. 在后发区位置佩戴头纱。
13. 在头纱基础上佩戴饰品装饰造型。

中分服帖的刘海，用编发打造自然上盘的造型，马尾在编发中起到关键作用，搭配复古皇冠，造型简约复古。

造型步骤分解

01. 在头顶位置扎马尾。
02. 将右侧发区头发与马尾中头发相互结合进行鱼骨辫编发。
03. 继续向后编发并带入后发区头发。
04. 将辫子收尾。
05. 将辫子向上提拉并进行固定。
06. 将左侧发区头发与马尾中头发结合进行鱼骨辫编发。
07. 继续向后编发并带入后发区头发。
08. 将辫子进行收尾。
09. 将辫子向上扭转固定。
10. 在头顶位置佩戴皇冠。

新娘复古编发 17

自然后垂的造型，用复古蕾丝礼帽及暖色绢花对造型进行装饰，造型整体复古浪漫。

造型步骤分解

01. 将两侧发区头发在后发区位置扎马尾。
02. 将马尾中的头发从上向下掏转。
03. 将掏转好的头发收紧。
04. 在后发区位置继续扎一条马尾并掏转。
05. 将掏转好的头发收紧。
06. 以此方式继续扎一条辫子并掏转。
07. 将掏转好的辫子收紧。
08. 继续扎一条辫子用相同方式操作。
09. 将刘海区头发在造型右侧向后扭转。
10. 将扭转好的头发在后发区位置固定。
11. 在头顶佩戴饰品装饰造型。
12. 佩戴礼帽装饰造型。

新娘复古编发 18

用蕾丝礼帽及永生花、鲜花装饰造型，使造型轮廓更加饱满，造型整体复古唯美。

造型步骤分解

01. 将左侧发区头发用两股辫续发的形式向后发区编发。
02. 将刘海区及右侧发区头发以两股辫续发形式向后发区编发。
03. 将两侧头发在后发区位置用皮筋固定在一起。
04. 将扎好的头发部分向上掏出。
05. 将掏出的头发一分为二塑造蝴蝶结效果。
06. 将后发区右侧头发用三股辫形式编发。
07. 将编好的头发从后发区左侧向头顶固定。
08. 将后发区剩余头发用三股一边带形式编发。
09. 将编好的头发从后发区右侧向头顶位置固定。
10. 在后发区位置佩戴永生花。
11. 在后发区位置佩戴鲜花。
12. 在造型左侧佩戴礼帽装饰造型。

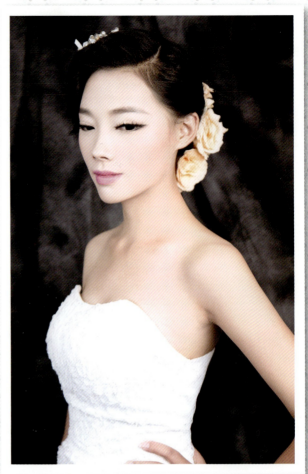

新娘复古编发 19

在后发区低盘的造型呈现端庄复古感觉。用鲜花装饰后发区，使造型更加唯美。

造型步骤分解

01. 将左侧发区头发进行四股辫编发并在后发区右侧固定。
02. 在后发区左侧取头发进行四股辫编发。
03. 将编好的头发在后发区右侧固定。
04. 将刘海区头发进行三股一边带编发。
05. 继续向右侧发区位置编发。
06. 用三股辫编发的形式收尾。
07. 将后发区位置最后剩余头发进行三股辫编发。
08. 将编好的头发向后发区右侧打卷固定。
09. 在造型右侧佩戴饰品。
10. 在后发区左侧佩戴鲜花。

新娘复古编发 20

中分光滑服帖的刘海，用编发在后发区位置盘绕出后发区造型饱满的弧度。搭配玫瑰鲜花，使造型复古浪漫。

造型步骤分解

01. 将刘海区头发用尖尾梳中分。
02. 在后发区位置佩戴假发片。
03. 将左侧发区头发向后扭转并固定。
04. 将右侧发区头发向后扭转并固定。
05. 在左右两侧后发区位置分别取头发进行扭转。
06. 将部分假发片头发进行扭转并向上固定。
07. 将最后剩余真假发进行三股辫编发。
08. 将编好的头发向上提拉。
09. 将辫子盘绕好之后固定。
10. 在后发区位置佩戴鲜花。

新娘复古编发 21

在后发区位置用编发打造造型饱满的轮廓感。饰品及玫瑰花的佩戴使造型更具复古感。

造型步骤分解

01. 从顶区位置取头发进行三股两边带编发。
02. 继续向后发区方向编发，用三股辫编发的方式收尾。
03. 将发尾向上打卷固定。
04. 将后发区左侧头发两股扭转后固定。
05. 将后发区右侧头发进行两股辫编发。
06. 继续向后编发并带入后发区部分头发。
07. 将编好的头发向上扭转打卷固定。
08. 在后发区位置取头发进行三股辫编发。
09. 将编好的头发向上盘绕打卷固定。
10. 将后发区剩余头发进行三股辫编发并向上打卷固定。
11. 调整刘海区的发丝，使其更具有层次感。
12. 在头顶位置佩戴饰品。
13. 在后发区左侧佩戴鲜花。
14. 在后发区右侧佩戴鲜花。

新娘复古编发 22

用编发打造刘海区头发的弧度及纹理，搭配具有飘逸感的复古礼帽，造型整体复古并具有浪漫感。

造型步骤分解

01. 将刘海区头发进行三股辫编发。
02. 将编好的头发打卷固定。
03. 在顶区位置取头发向造型右侧进行三股一边带编发。
04. 编发的时候带入部分后发区头发。
05. 将编好的头发在造型右侧打卷固定。
06. 从后发区左侧取头发。
07. 将头发在后发区右侧打卷固定。
08. 从后发区左侧取头发向右进行三股一边带编发。
09. 继续向右编发用三股辫编发的手法收尾。
10. 将编好的头发在造型右侧打卷固定。
11. 将最后剩余头发向造型右侧扭转固定。
12. 将剩余发尾在造型右侧打卷固定。
13. 在头顶左侧佩戴饰品装饰造型。

新娘复古编发 23

刘海区自然的波纹弧度搭配金色饰品作为装饰，后发区光滑的盘发用发辫和波纹丰富造型的纹理感。造型整体复古优雅。

造型步骤分解

01. 将后发区下方头发向下扣卷。
02. 将扣卷的头发用发网套住使其更利于固定。
03. 将顶区头发向后发区下方扣卷固定。
04. 在后发区左侧取头发进行三股辫编发。
05. 将编好的两条辫子向造型后发区右侧固定。
06. 继续从后发区左侧取头发进行三股辫编发。
07. 将编好的头发向造型右侧固定。
08. 将右侧发区的头发在后发区位置向上打卷固定。
09. 将左侧发区头发用尖尾梳及发胶辅助塑造波纹效果。
10. 塑造好波纹后将剩余发尾在后发区位置固定。
11. 在造型左侧佩戴饰品装饰造型。
12. 在造型右侧佩戴饰品装饰造型。

新娘复古编发 24

两侧发区自然卷曲的发丝，后发区用三股一边带方式编发后做发髻，用复古皇冠装饰造型，造型简约复古。

造型步骤分解

01. 在两侧发区取头发用电卷棒烫卷。
02. 将剩余头发在后发区位置扎马尾。
03. 在马尾中取头发进行三股一边带编发。
04. 继续向下编发将所有头发编入其中。
05. 将编好的头发向上打卷。
06. 将头发在后发区位置固定。
07. 在头顶位置佩戴皇冠装饰造型。

新娘复古编发 25

将头发光滑地进行编盘，网纱饰品适当对面部遮挡，增加造型的复古感。

造型步骤分解

01. 将两侧发区头发在后发区位置打结。
02. 将打好的结用发夹固定。
03. 将后发区两侧头发连续向中间位置扭转固定后将后发区部分头发进行三股一边带编发。
04. 用三股辫编发的形式收尾。
05. 将编好的辫子向右侧发区提拉并固定。
06. 将后发区剩余头发进行三股辫编发。
07. 将编好的辫子在后发区左侧固定。
08. 在头顶位置佩戴饰品装饰造型。
09. 继续在头顶位置佩戴网眼纱饰品装饰造型。

新娘复古编发 26

用一条三股两边带编发打造造型饱满的盘发效果,佩戴金色的华丽饰品,造型整体复古华美。

造型步骤分解

01. 将刘海区头发用三股两边带的形式向后编发。
02. 边编发边带入左侧发区头发。
03. 继续向后编发带入后发区左侧头发。
04. 继续向下编发带入后发区下方及右发区头发。
05. 继续向下编发在后发区右侧将辫子收尾。
06. 将辫子发尾在后发区下方隐藏固定。
07. 在造型右侧佩戴饰品装饰造型。
08. 在靠近额头位置继续佩戴饰品装饰造型。
09. 在后发区位置佩戴饰品装饰造型。

新娘复古编发 27

端正地佩戴复古的饰品，使后盘的端庄的编发造型更显复古典雅。

造型步骤分解

01. 将左侧发区头发用三股一边带形式编发。
02. 边编发边带入后发区头发。
03. 继续向后发区方向编发，注意调整编发角度。
04. 将右侧发区头发用三股一边带形式编发。
05. 边编发边带入后发区头发。
06. 继续向后发区方向编发，注意调整编发角度。
07. 将后发区左侧头发向上打卷并固定。
08. 在后发区右侧取头发向上打卷并固定。
09. 将后发区剩余头发向上打卷并固定。
10. 在头顶位置佩戴饰品装饰造型。

反侵权盗版声明

电子工业出版社依法对本作品享有专有出版权。任何未经权利人书面许可，复制、销售或通过信息网络传播本作品的行为；歪曲、篡改、剽窃本作品的行为，均违反《中华人民共和国著作权法》，其行为人应承担相应的民事责任和行政责任，构成犯罪的，将被依法追究刑事责任。

为了维护市场秩序，保护权利人的合法权益，我社将依法查处和打击侵权盗版的单位和个人。欢迎社会各界人士积极举报侵权盗版行为，本社将奖励举报有功人员，并保证举报人的信息不被泄露。

举报电话：（010）88254396；（010）88258888
传　　真：（010）88254397
E-mail：dbqq@phei.com.cn
通信地址：北京市万寿路173信箱
　　　　　电子工业出版社总编办公室
邮　　编：100036